AF390435

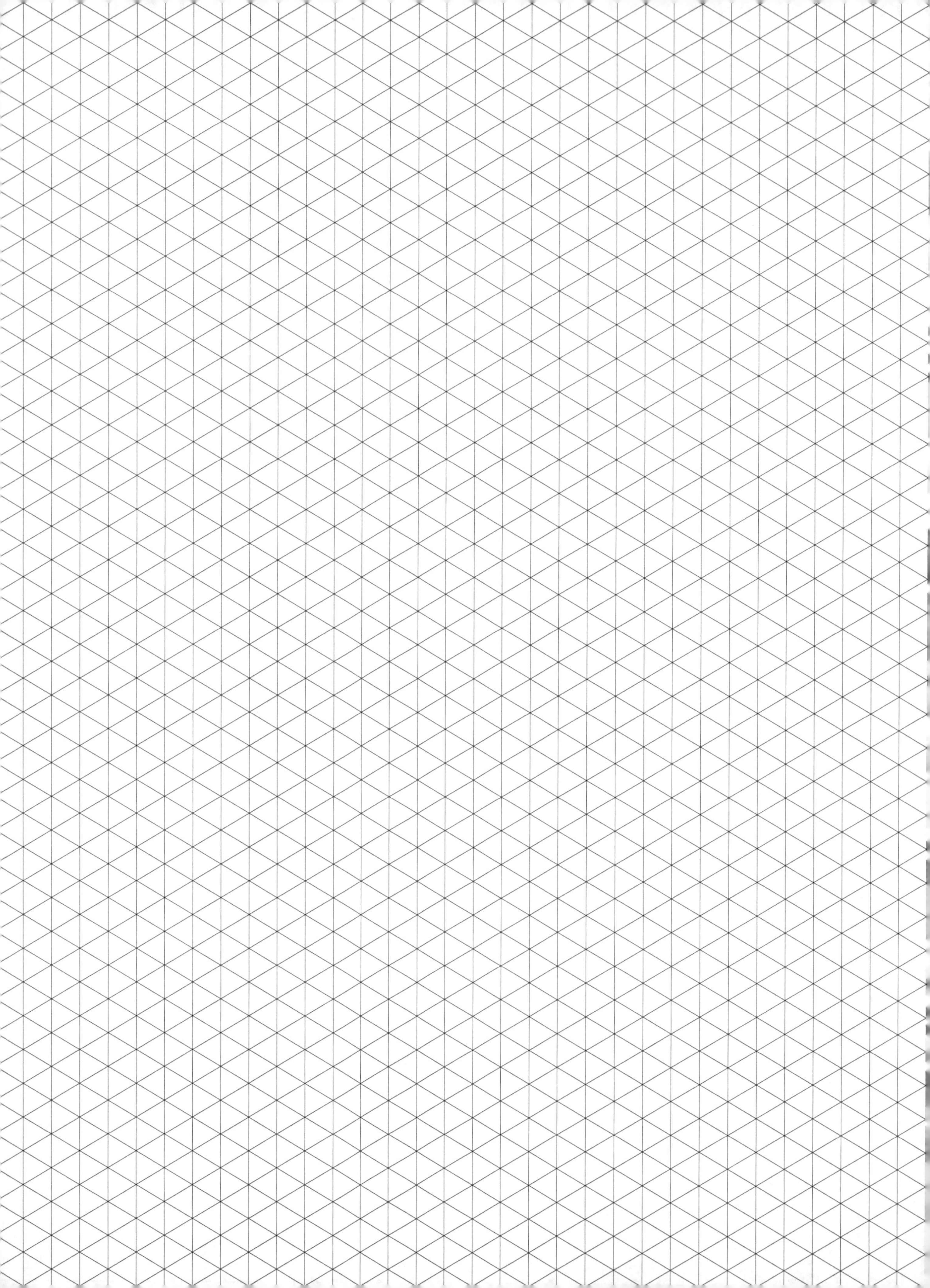

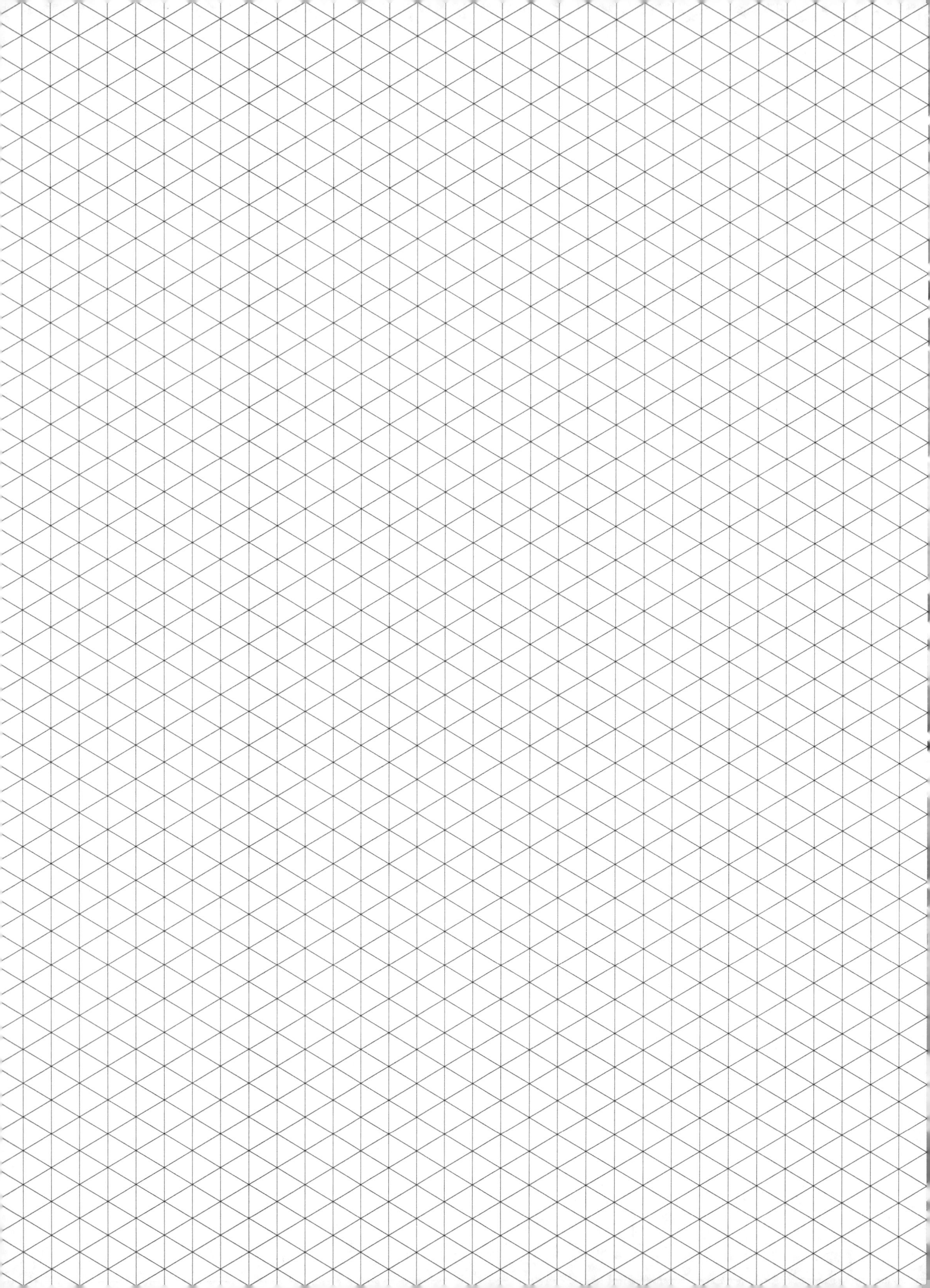

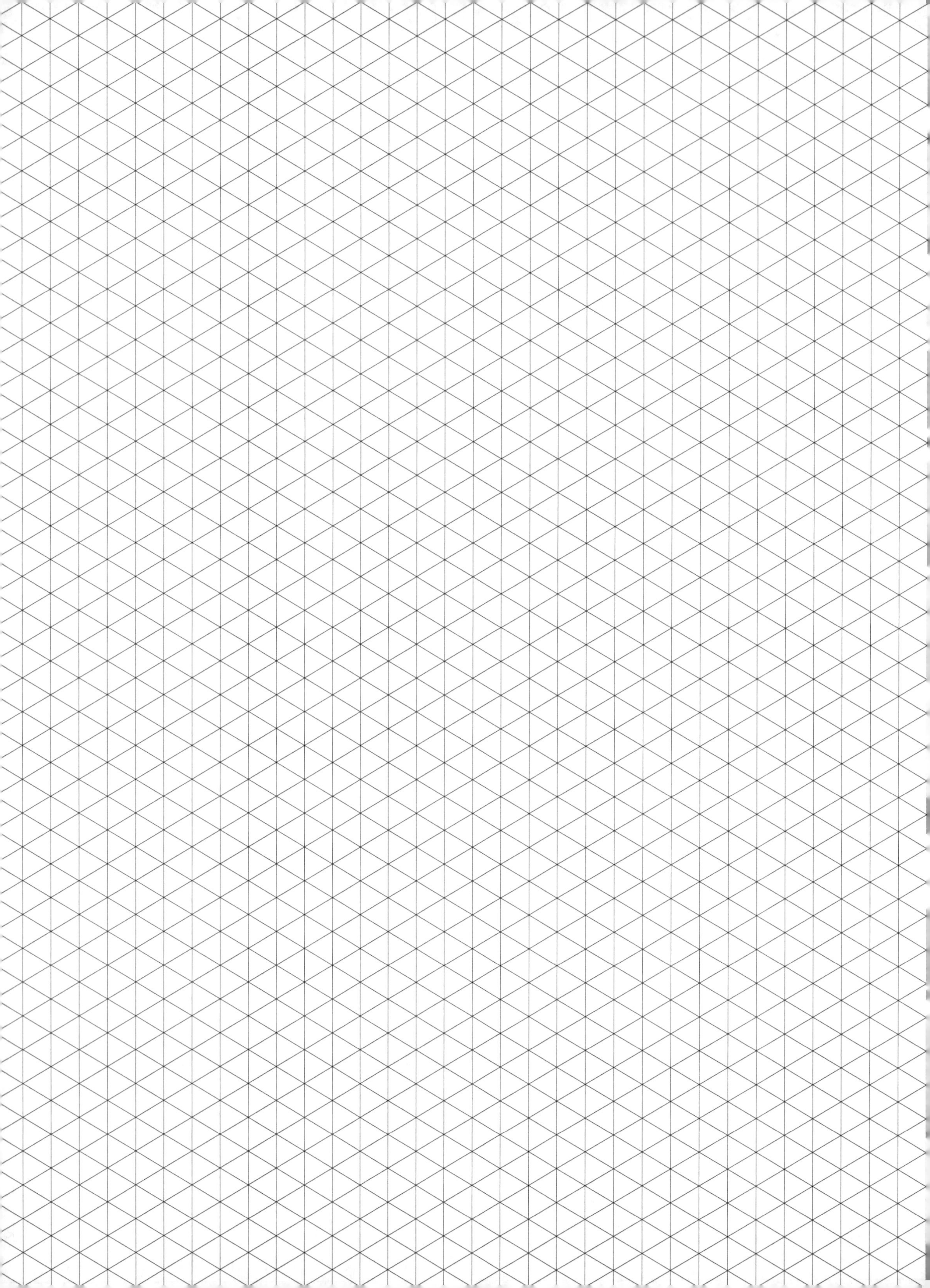

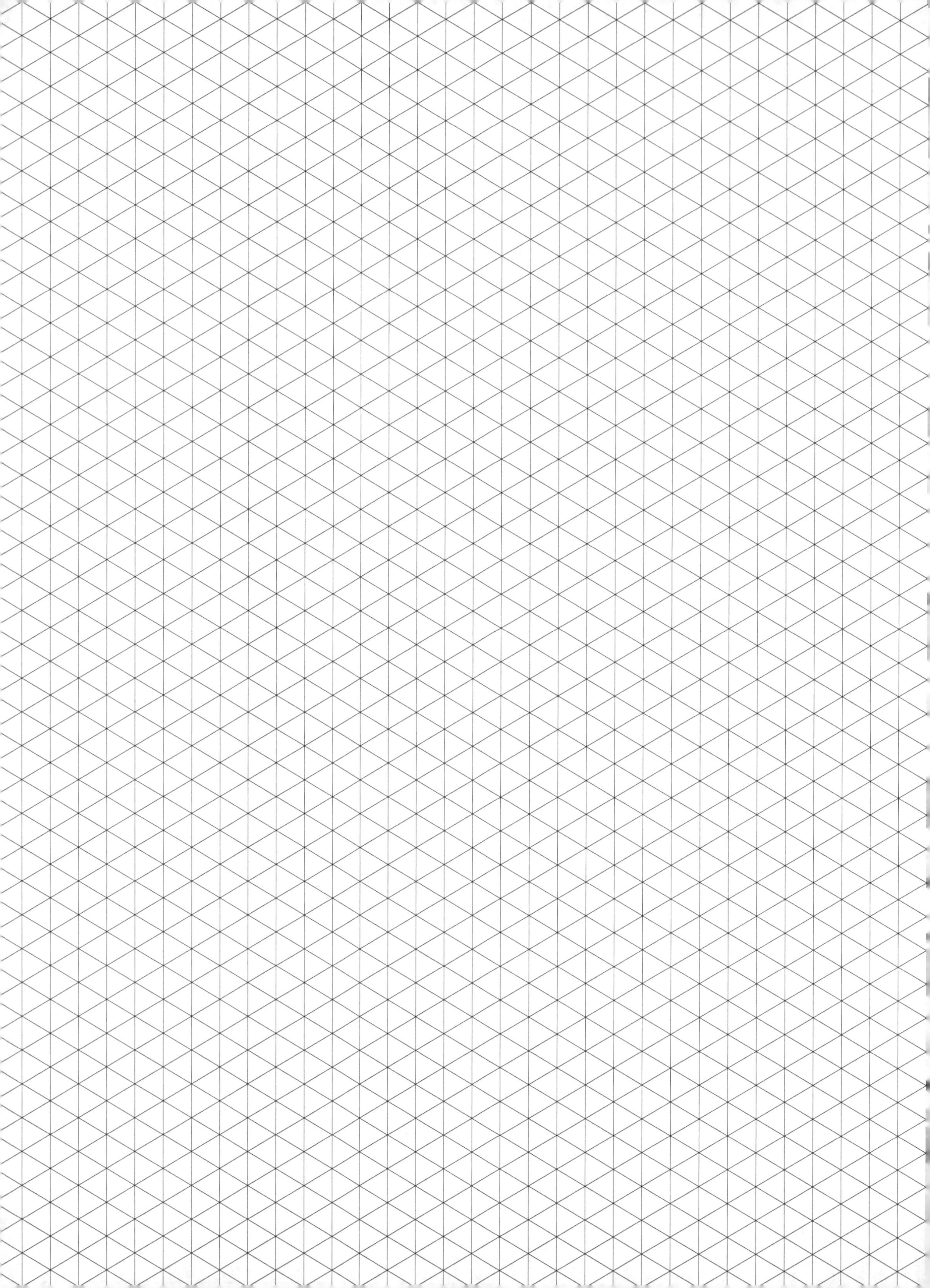

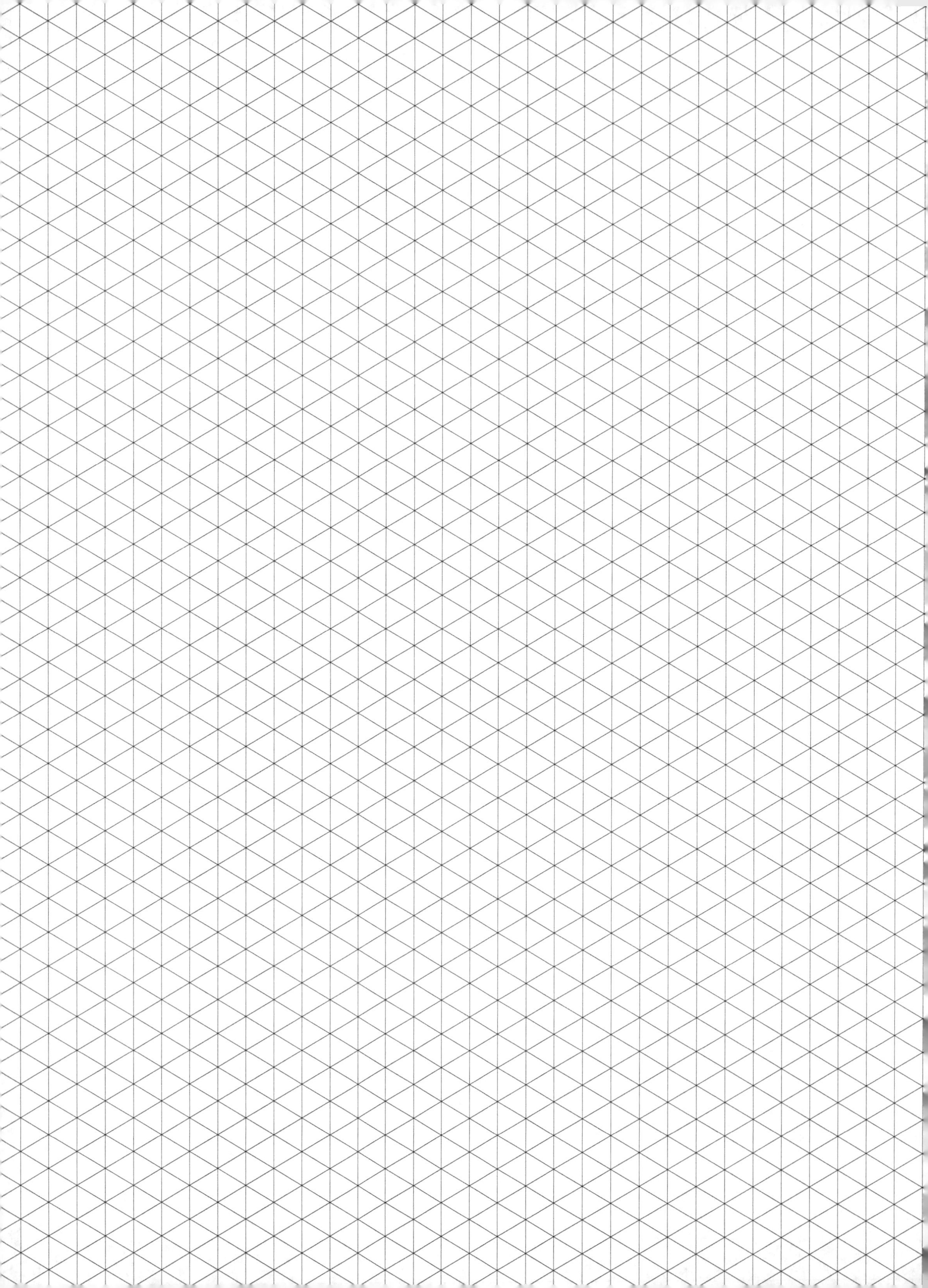